KB179399

가르쳐주세요!
백분율 에 대해서

가르쳐주세요!

백분율에 대해서

ⓒ 김준호, 2007

초 판 1쇄 발행일 2007년 12월 10일
개정판 1쇄 발행일 2017년   6월 9일

지은이 김준호   삽화 지영이
펴낸이 김지영   펴낸곳 지브레인 Gbrain
마케팅 조명구   제작 · 관리 김동영

출판등록 2001년 7월 3일 제2005-000022호
주소 04047 서울시 마포구 어울마당로 5길 25-10 유카리스티아빌딩 3층
전화 (02)2648-7224   팩스 (02)2654-7696

ISBN 978-89-5979-370-9 (04410)
        978-89-5979-422-5 (04400) SET

▼ 노이만
노벨상 수상자와 **TALK** ① 합시다

가르쳐주세요!

백분율에 대해서

김준호 지음 **지영이** 그림

노벨상의 주인공을 기다리며

『노벨상 수상자와 **TALK** 합시다』 시리즈는 제목만으로도 현대 인터넷 사회의 노벨상급 대화입니다. 존경과 찬사의 대상이 되는 노벨상 수상자 그리고 수학자들에게 호기심 어린 질문을 하고, 자상한 목소리로 차근차근 알기 쉽게 설명하는 책입니다. 미래를 짊어지고 나아갈 어린이 여러분들이 과학 기술의 비타민을 느끼기에 충분합니다.

21세기 대한민국의 과학 기술은 이미 세계화를 이룩하고, 전통 과학 기술을 첨단으로 연결하는 수많은 독창적 성과를 창출해 나가고 있습니다. 따라서 개인은 물론 국가와 민족에게도 큰 긍지를 주는 노벨상의 수상자가 우리나라의 과학 기술 분야에서 곧 배출될 것으로 기대되고 있습니다.

우리나라의 현대 과학 기술력은 세계 6위권을 자랑합니다. 국제 사회가 인정하는 수많은 훌륭한 한국 과학 기술인들이 세계 곳곳에서 중추적 역할을 담당하며 활약하고 있습니다.

　우리나라의 과학 기술 토양은 충분히 갖추어졌으며 이 땅에서 과학의 꿈을 키우고 기술의 결실을 맺는 명제가 우리를 기다리고 있습니다. 노벨상 수상의 영예는 바로 여러분 한명 한명이 모두 주인공이 될 수 있는 것입니다.

　『노벨상 수상자와 TALK 합시다』는 여러분의 꿈과 미래를 실현하기 위한 소중한 정보를 가득 담은 책입니다. 어렵고 복잡한 과학 기술 세계의 궁금증을 재미있고 친절하게 풀고 있는 만큼 이 시리즈를 통해서 과학 기술의 여행에 빠져 보십시오.

　과학 기술의 꿈과 비타민을 듬뿍 받은 어린이 여러분이 당당히 '노벨상'의 주인공이 되고 세계 인류 발전의 주역이 되기를 기원합니다.

국립중앙과학관장 공학박사 조청원

수학의 노벨상 '필즈상'

자연과학의 바탕이 되는 수학 분야는 왜 노벨상에서 빠졌을까요? 노벨이 스웨덴 수학계의 대가인 미타크 레플러와 사이가 나빴기 때문이라는 설, 발명가 노벨이 순수수학의 가치를 몰랐다는 설 등 그 이유에는 여러 가지 설이 있어요.

그래서 1924년 개최된 국제 수학자 총회(ICM)에서 캐나다 출신의 수학자 존 찰스 필즈(1863~1932)가 노벨상에 버금가는 수학상을 제안했어요. 수학 발전에 우수한 업적을 성취한 2~4명의 수학자에게 ICM에서 금메달을 수여하자는 것이죠. 필즈는 금메달을 위한 기초 자금을 마련하면서, 자기의 전재산을 이 상의 기금으로 내놓았답니다. 필즈상은 현재와 특히 미래의 수학 발전에 크게 공헌한 수학자에게 수여됩니다. 그런데 수상자의 연령은 40세보다 적어야 해요. 그래서 필즈상은

필즈상 메달

노벨상보다 기준이 더욱 엄격하지요. 이처럼 엄격한 필즈상을 일본은 이미 몇 명의 수학자가 받았고, 중국의 수학자도 수상한 경력이 있어요. 하지만 안타깝게도 아직까지 우리나라에서는 필즈상을 받은 수학자가 없답니다.

어린이 여러분! 이 시리즈에 소개되는 수학자들은 시대를 초월하여 수학 역사에 매우 큰 업적을 남긴 사람들입니다. 우리가 학교에서 배우는 교과서에는 이들이 연구한 수학 내용들이 담겨 있지요. 만약 필즈상이 좀 더 일찍 설립되었더라면 이 시리즈에서 소개한 수학자들은 모두 필즈상을 수상했을 겁니다. 필즈상이 설립되기 이전부터 수학의 발전을 위해 헌신한 위대한 수학자를 만나 볼까요? 선생님은 여러분들이 이 책을 통해 훗날 필즈상의 주인공이 될 수 있기를 기원해 봅니다.

여의초등학교 **이운영** 선생님

존 폰 노이만 John von Neumann

1903~1957

존 폰 노이만은 수학자로 유명하기도 하지만, 오늘날 우리가 사용하는 컴퓨터의 원리를 처음 이야기한 학자로 더 유명하답니다. 처음 컴퓨터가 나왔을 때는 새로운 프로그램을 시작할 때마다 수천 개의 스위치를 일일이 바꿔야 했어요. 참 불편했겠지요? 하지만 그는 이러한 수고를 덜기 위해 컴퓨터 안에 프로그램을 넣어 명령하는 말을 하나씩 불러서 작동시키는 방법을 도입했습니다. 우리 주변의 컴퓨터들은 모두 이런 원리로 만들어졌습니다.

오늘날에는 이러한 컴퓨터의 원리가 당연한 방법으로 알려져 있지만, 1945년 당시에는 깜짝 놀랄 만한 사건이었습니다. 그의 주장은 이후에도 널리 적용되어 초기의 컴퓨터뿐 아니라 그 이후에 개발된 컴퓨터의 설계에도 큰 영향을 주었답니다. 그래서 노이만의 업적에 감사하며 현대 컴퓨터의 아버지라고 부르기도 합니다.

노이만은 헝가리의 수도인 부다페스트에서 태어난 유태인입니다. 어렸을 때부터 수학의 신동이라고 불렸던 그는 그 시대에서 가장 뛰어난 수학자 중 한 명이 되었습니다. 또한 독일과 헝가리의 대학에서 수학, 화학을 열심히 공부하고 독일과 미국의 여러 대학의 교수 생활을 하면서 경제학, 컴퓨터, 인공생명 등 여러 분야에서 많은 업적을 남겼습니다. 그리고 수학 분야에서 6명의 뛰어난 교수 중 한 사람이 되었습니다. 그 6명 중에는 여러분이 잘 알고 있는 아인슈타인도 있답니다.

노이만 하면 컴퓨터만 떠올릴 수도 있지만 사실 그는 컴퓨터 원리를 바꾼 일 외에도 많은 업적을 남겼습니다.

인공생명을 이론적으로 연구한 최초의 학자이기도 하거든요. 생명체를 하나의 시스템으로 보고 이것에서 사람들이 힌트를 얻어 컴퓨터 바이러스를 포함한 인공생명을 연구하기 시작했으며 원자폭탄이 폭발할 때 충돌 모형을 제작하기도 하고, 원자폭탄에 필수적인 렌즈를 개발하기도 했습니다.

또한 기억력이 굉장히 좋아 사진 기억력이 있다고 불릴 정도였어요. 한 번 보면 카메라로 사진을 찍듯이 머릿속에 그대로 넣어 외워 버리는 대단한 기억력을 가진 사람이었지요. 그래서 600쪽이 넘는 소설을 읽고 그 절반 이상을 틀리지 않고 그대로 외울 수 있었다고 합니다. 정말 사진 기억력을 가진 사람이라고 불릴 만하지요? 이러한 그의 기억력은 탁월한 암산 능력과도 관계가 있었다고 합니다.

그는 수학을 공부하여, 과학적으로 응용할 뿐만 아니

라 우리 사회와 관련 있는 경제현상, 사회현상과 연관시키는 일에도 관심을 갖고 연구했습니다.

　이제부터 여러분은 20세기 최고의 수학자라고 할 수 있는 노이만과 TALK하며 백분율에 대해 자세히 알아보게 될 것입니다. 우선 노이만이 어떻게 어린 시절을 보내 위대한 수학자가 되었는지, 그리고 우리 주변 곳곳에 있는 백분율에 대한 원리와 개념을 노이만 박사와의 톡을 통해 알아볼 수 있습니다.

　여러분은 이 책을 통해서 천재 수학자의 놀라운 생각과 반짝이는 아이디어를 얻을 수 있을 것입니다. 또한 수학의 세계에 도전할 수 있는 힘도 생길 것입니다. 자! 그럼 기초부터 차근차근 톡을 통해 백분율을 완벽히 이해해 봅시다.

차례

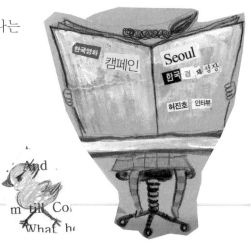

제01장

컴퓨터의 아버지,
노이만은 누구인가?

📗 **교과 연계**

- 암산에 뛰어났고 기억력이 좋았다.
- 현재 사용하고 있는 컴퓨터 방식을 제안했다.
- 20세기 최고 수학자 중 한 명으로 꼽힌다.

📗 **학습 목표**

노이만은 자신이 좋아하는 수학을 열심히 공부했기 때문에 역사적으로 많은 업적을 남기는 수학자가 되었다. 노이만이 어떻게 수학에 열중하고 연구했는지 알아보고 그가 남긴 업적에 대해 살펴보자. 그리고 우리 주변에 수학과 관련된 것들을 찾아보고 수학에 흥미를 가질 수 있는 계기를 마련하자.

율비 와! 신난다. 아빠가 컴퓨터도 새로 사 주셨으니까 공부도 더 열심히 하고, 내 홈페이지도 만들어야지. 먼저 홈페이지를 만들어 볼까? 내 소개를 하라고?

안녕하세요. 여러분께 제 소개를 먼저 해야 할 것 같아요. 전 규칙이나 규율과는 거리가 먼 개구쟁이 소녀 율비랍니다. 친구들과 노는 것을 좋아하고, 사진 찍기, 음식 만드는 것도 좋아해요. 때로는 엉뚱한 행동으로 주위 사람들을 당황스럽게도 만들지만, 마음만은 순수한 여러분의 친구랍니다. 공부는 잘하냐고요? 물론, 잘 못해요. 하지만 이제부터라도 마음을 잡고 공부 좀 해 보려고요. '찌~~~~지~~~직, 펑!'

어? 갑자기 컴퓨터가 왜 이러지? 이상하다. 새로 산 컴퓨터인데…….

노이만 내 도움이 필요할 것 같군요. 난 수학을 연구한 수학자 노이만 박사라고 합니다. 어릴 적부터 수학의 천재, 수학의 신동으로 불리고, 아인슈타인 박사와 함께 일류 수학자로 인정을 받았는데, 어린 율비 친구가 내 이름을 들어 보았는지 모르겠네요. 아무튼 내 도움이 필요할 것 같네요. 그런데 먼저 율비는 나와 함께 수학 공부를 해야 해요.

(율비) 네? 전 수학을 좋아하지도 잘 하지도 못하는데요.

(노이만) 그러니까 내 도움이 필요하죠. 나와 함께라면 율비도 수학을 좋아하는 친구가 될 것 같은데……. 우리 함께 수학 공부를 열심히 해 봐요. 난 율비 컴퓨터에서 율비가 궁금해 하는 것을 열심히 가르쳐주고 싶은데 그리기 위해서는 먼저 수학을 공부해야 해요. 수학은 율비가 생각하는 것만큼 어렵고 딱딱한 과목이 아니에요. 아까 율비의 홈페이지를 꾸밀 때 보니까, 음식 만드는 것을 좋아한다고 했죠?

(율비) 네. 그게 왜요? 그것도 수학이랑 관계 있나요?

(노이만) 물론이죠. 맛있는 음식을 만들 때에도 수학이 필요하답니다. 재료를 준비하고 양념을

넣을 때에도 비와 비율이 빠질 수 없죠. 텔레비전 모니터나 프린트할 때 쓰는 종이를 보세요. 반듯한 모양에서 안정감을 느낄 수 있죠?

이처럼 율비의 주변에서 쉽게 볼 수 있는 물건들은 그냥 아무렇게나 만들었다고 생각하면 큰 잘못이에요. 그동안 율비가 지나쳐 버린 우리 주변의 사물들이 각각 어떤 비와 비율로 그 모양이 결정된 것인지 관심을 가지는 것도 수학을 즐겁게 공부하는 요령이랍니다.

 전 사실, 수학은 어렵기만 해요. 그런데 선생님 말씀을 들으니까 자신감이 생기는 것 같아요. 노이만 선생님은 언제부터 수학자가 되겠다고 생각을 했나요? 그리고 어린 시절 어떻게 공부했나요?

 사람들은 누구나 꿈이 있어요. 어떤 어린이는 과학자가 되고 싶고, 어떤 어린이는 유명한 가수가 되고 싶으며 또 어떤 어린이는 훌륭한 선생님이 되고 싶다고 말합니다. 이렇게 사람들이 서로 다른 꿈을 가

지고 그 꿈을 위해 준비하기 때문에 훌륭한 과학자도 나오고, 가수도, 선생님도 나오는 거예요.

나는 유럽에 있는 헝가리의 수도 부다페스트에서 태어났어요. 우리 아버지는 은행에 근무하셨지요. 그것 때문인지는 모르겠지만, 어렸을 때부터 숫자에 관심이 많았답니다. 숫자에 관심이 많고, 숫자를 좋아했기 때문에 6살 때 암산으로 8자리 나눗셈을 할 수 있었어요. 암산이라는 건 계산기나 다른 도구를 사용하지 않고, 머리로 계산하는 것을 말해요. 기억은 잘 나지 않지만, 6살 때 하늘을 바라보고 계시던 어머니

께 "뭘 계산하고 계세요?"라고 질문하기도 했대요.

또 8살에는 고등학생들도 어려워하는 수학 과정을 마쳤어요. 그 후 4년 뒤인 12살에는 대학원 수준의 수학 공부를 했답니다.

내가 수학을 잘하게 된 이유는 아마도 수학을 좋아했기 때문이 아닐까요? 고등학교 수학 선생님은 내가 자라면 세계적인 수학자가 되어 수학의 발전에 큰 공헌을 할 것이라고 입버릇처럼 말씀하셨어요. 그 선생님의 추천을 받아 고등학교 때 부다페스트 대학에서 대학생 형들과 함께 수학 수업을 받았답니다. 선생님의 격려 덕분에 난 더욱 열심히 공부해서 세계적인 수학자가 될 수 있었어요.

 (을비) 그 뒤로 어떻게 되셨나요? 정말 수학이 그렇게 재미있으셨어요?

(노이만) 그 뒤로 여러 대학을 다니면서 수학과 과학 공부를 하였지요. 정신없이 수학에 빠져 시간을 보내다 보니, 29세의 나이에 세계적인 수학자가 되었

아무리 기억력이 좋지만, 카메라는 너무 심한 거 아니야? 사람이야, 카메라야?

전 한 번만 보면 카메라로 사진 찍듯 기억한답니다.

고, 후세에 길이 남을 아주 유명한 수학책도 썼답니다.

암산을 좋아한 덕분인지 기억력 또한 남들보다 뛰어났어요. 무엇이든 한 번 보면 카메라로 사진을 찍듯이 머릿속에 사진이 찍히는 것처럼 바로 외워졌죠. 그래서 사람들이 사진 기억력이라고 부르기도 했답니다.

처음 만들어진 컴퓨터는 율비가 지금 사용하고 있는 컴퓨터와 다른 방식을 사용했어요. 예전 컴퓨터는 새로운 프로그램을 시작할 때마다 수천 개의 스위치와 회로를 변경해서 사용했어요. 그 불편함을 없애려고 오늘날의 컴퓨터와 같이 주기억장치에 프로그램을 내장시켜 놓고 명령어를 하나씩 불러 실행시키는 개념을 제안했는데 나의 이러한 제안은 세상을 뒤흔들 만한 획기적인 것이었답니다.

율비 아, 선생님께서 그때 컴퓨터를 편리하게 쓸 수 있도록 아이디어를 냈기 때문에 제가 이렇게 편하게 사용할 수 있게 된 거네요. 늦었지만, 감사합니다~!

노이만 율비에게 감사의 말을 들으니 기분이 좋군요.

 율비 이제부디 선생님께 **수학**을 일심히 배워시, 저도 수학을 좋아하는 아이가 되고 싶어요. 선생님의 이야기를 더 들려 주세요.

 노이만 나는 암산으로 계산하는 것을 아주 좋아해 암산 시합도 아주 즐겨했어요. 그러자 친구들

이 내가 만든 컴퓨터와 암산 시합을 해 보라더군요. 그래서 컴퓨터와 동시에 계산을 하기 시작했는데, 내가 더 빨리 정답을 구했답니다. 물론 그 당시의 컴퓨터는 지금의 컴퓨터와는 비교가 안 될 정도로 속도가 느렸어요. 그때의 친구들이 놀란 것을 생각하면 지금도 웃음이 나오네요.

이 모든 것들이 내가 좋아했기 때문에 잘 할 수 있었던 거예요. 좋아하는 만큼 관심을 가지고 노력했기 때문이지요. 수학을 왜 공부해야 하는지 느끼면서 공부한다면 더 잘할 수 있을 거예요. 내가 열심히 도와줄게요.

- 노이만은 자신이 좋아하는 수학을 열심히 공부했기 때문에 많은 업적을 남긴 수학자가 되었다. 다른 사람이 잘 알지 못하는 것을 찾아가면서 큰 기쁨을 느낀 노이만은 진정한 수학 마니아라고 할 수 있을 것이다.

- 노이만은 어떤 문제에 빠지면, 다른 것은 생각하지 않고 그 문제만 고민하는 성격이었다. 이런 연구방법이 결국 노이만을 위대한 수학자로 만들었다.

- 우리 주변에는 수학과 관련된 것들이 많다. 조금만 관심을 갖는다면 수학에 흥미가 생기고, 수학을 좋아하게 될 것이다.

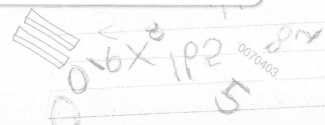

당신은 누구세요?

유명한 나를 모르다니…….
내가 바로 컴퓨터의 아버지, 노이만 이라구.

당신은 어떤 사람이기에 다들 대단하다고 하는 거죠?
어린 시절부터 남달랐다죠?

12살에 대학원 수준의 수학 공부를 할 정도로 수학을 좋아했던 노이만. 어떤 문제에 빠지면 다른 것은 생각하지 않고 그 문제만 고민했다.

29세에 세계적인 수학자도 되고, 유명한 수학책도 많이 썼다.

사진 기억력이라고 불릴 만큼 암기 실력도 좋고 다른 사람, 심지어는 컴퓨터와 계산 시합을 하기도 했다.

컴퓨터　　　수학

자신이 좋아하는 수학을 열심히 공부했기에 역사적인 업적을 많이 남기는 인물이 되었다.

노이만

다른 사람들이 알지 못하는 것을 발견할 때의 기쁨을 느껴 보자.

우리 생활은 수학과 많이 관련되어 있다. 조금만 관심을 갖는다면 수학에 대한 흥미가 높아지고, 수학을 좋아하게 될 것이다.

제02장

두 양의 크기를
비교할 수 있나요?

📀 교과 연계

초등 6-1 | 6단원:비와 비율

📀 학습 목표

두 수나 양을 비교하는 것을 '비'라고 하는데 비를 기호로는 어떻게 나타내는지 알아
보고, 다양한 읽는 방법에 대해 학습한다. 앞으로 계속 배우게 될 비에 대한 기초부터
차근차근 이해해 보자.

율비 오늘 학교에서 5반과 발야구 시합을 했는데요. 3대 2로 우리 반이 이기고 있다가 결국엔 7대 8로 졌어요. 운동 경기에서 점수를 이야기할 때 몇 대 몇이라고 하잖아요. 이것도 수학이랑 관련이 있는 건가요?

노이만 율비가 '비'에 대해 궁금한 게 생겼군요. "우리 편이 3점으로 점수가 높아", "내 키가 너보다 7㎝나 크잖아"와 같은 이야기를 율비도 친구들과 많

이 하죠? 친구가 가지고 있는 것과 내 것을 비교할 때 이렇게 말하지요. 그런데 이것은 차이를 말한 것이지 두 수를 비교하여 나타낸 것은 아니에요. 그래서 누구의 것이 몇 개인지, 누구 키가 몇 센티미터인지는 알 수 없어요. 그래서 두 수의 특징이 그대로 나타나면서 비교하는 방법을 이야기할 때 필요한 것이 바로 '비'이지요. 두 수나 두 양을 비교하기 위해 기호 ': (대)'를 사용해서 나타낸 것을 비라고 해요. 여기 사과 2개와 귤 3개가 있어요. 사과와 귤의 수를 비교하는 방법을 생각해 봐요.

숫자만으로 사과와 귤의 수를 비교할 수 있나요?

훌비　네, 비교할 수 있어요. 사과는 2개, 귤은 3개니까 귤이 사과보다 1개 더 많아요.

노이만　이때 사과의 수와 귤의 수를 비로 나타내면 2 : 3이죠. 사과와 귤의 수를 비교하기 위해 기호 ': '를 사용하는데, 2대 3이라고 읽어요. 이것을 3에 대한 2의 비 또는 2의 3에 대한 비라고 하지요. 또, 간단하게 2와 3의 비라고도 한답니다.

율비 그럼 2:3이랑 3:2는 같은가요?

 노이만 좋은 질문이에요. 어디 한 번 생각해 볼 까요? 남학생 수 3과 여학생 수 5를 비교하는 것을 어떻게 나타낼 수 있죠?

 율비 3:5인 것 같은데요.

 노이만 맞아요. 그렇다면 남학생 수 3과 여학 생 수 5를 비교할 때, 5:3으로 나타낼 수 있을 까요? 남학생 수와 여학생 수 중에서 어떤 학생 수를 기준으로 비교하느냐에 따라 비가 달라진답니다. 남학생 수를 기준으로 하면, '여학생 수와 남학생 수는 5대 3이다'라고 하며 '5:3'으로 나타내죠. 반대로 여학생 수를 기준으로 하면 '남학생 수와 여학생 수는 3대 5이다'라고 하고 '3:5'로 나타내죠.

율비 아하, 그렇군요. 그러면 3 : 5와 5 : 3은 서로 다른 거네요.

 노이만 그래요. 나음 시산에 기준에 내해 너 사세히 공부할 예정이니 그때 확실히 이해할 수 있을 거예요.

 율비 우리 동네에 이대팔 아저씨라고 불리는 아저씨가 계신데요. 그 아저씨 머리 가르마 왼쪽과 오른쪽의 비가 너무 차이 나서 이대팔 아저씨라고 불러요. 그것도 비에 관련된 것이었네요.

 율비가 수학에 점점 흥미를 가질 것 같은 예감이 드네요. 수학은 우리 생활과 아주 관련이 깊은 학문이에요. 앞으로 율비가 자연스럽게 수학을 좋아할 수 있도록 도와줄게요.

- 두 수나 양을 비교하는 것을 '비'라고 한다.

- 기호는 ' : (대)' 를 사용한다.

- 3 : 5 읽는 법
  - 3대 5
  - 5에 대한 3의 비
  - 3의 5에 대한 비
  - 3과 5의 비

- 3 : 5와 5 : 3은 서로 다른 비이다. 기준을 누구로 삼느냐에 따라 달라지기 때문이다.

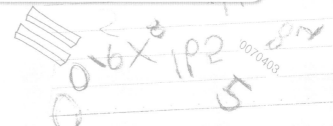

두 수나 양을 비교하는 방법으로 비를 사용할 수 있어요.

오~!

비나 수나 양의 비교

기호는 ':'를 사용하고 '대'라고 읽어요.

축구 경기에서 가장 재미난 스코어가 2 : 3이라고 하죠?

: = 대

2 : 3 이라는 비를 읽어볼게요.

다 같이 읽어봅시다.

네

2대 3이죠!

그 외에도 읽는 방법이 다양해요.

?

2대 3,

2와 3의 비,

2의 3에 대한 비,

3에 대한 2의 비라 고 읽을 수 있어요.

많아 보이긴 하는데…….
4가지로 읽을 수 있네요.

에구~~ 많기도 하지

그럼 3 : 5를 5 : 3으로 나타내도 괜찮을까요? 뭐라고? 같은 숫자가 있으니 같은 비라고요?

큰일나요! 무엇을 기준으로 비교하느냐에 따라 비가 달라지거든요.
3 : 5는 5가 기준,
5 : 3은 3이 기준이 돼요.

3 나누기 5와 5 나누기 3이 다른 것과 마찬가지예요. 자세한 것은 다음 장에서 공부해 봅시다.

제03장

‘비’는 기준이
중요하다

📗 **교과 연계**

초등 6-1 | 6단원:비와 비율

▶

📗 **학습 목표**

‘: (대)’기호 앞에 있는 수는 비교하는 양이라고 하고, 뒤에 있는 수는 기준양이라고 하는데 기준이 무엇이냐에 따라 비도 달라진다. 기준에 대하여 제대로 이해한다. 비교하는 양:기준양 읽는 방법도 다양하므로 확실히 알아둔다.

율비 지난 시간에 비 이야기를 할 때 기준이 중요하다고 하셨잖아요. 그 기준 이야기 좀 더 들려주세요.

 노이만 그래요. 비라는 것은 기준을 정해서 상대적인 크기를 비교하는 거랍니다. 뉴스에서 일기예보를 본 적이 있나요? 예를 들어, 비가 올 확률을 이야기하는 부분에서 비올 확률이 30퍼센트 또는 90퍼센트라고 하는 말을 들어봤을 거예요.

 율비 네. 들어봤어요. 비올 확률이 90퍼센트 정도라고 하면 외출할 때 우산을 가지고 갔어요.

 노이만 그래요. 퍼센트라는 것도 다음에 다시 이야기하겠지만, 비와 비율에서 중요한 말이지요. 우리가 일기예보를 듣고 비가 올 가능성이 높으면 우산을 가지고 외출하고, 비가 올 가능성이 낮으면 우산 없이 외출하죠.

즉, 비가 올 확률을 백분율이라는 비율로 표현하여 우리가

우산을 준비해야 하는지 말아야 하는지 판단하는 것을 도와
주는 거예요. 이처럼 우리 생활 곳곳에 숨어 있는 비와 비율
을 앞으로 나와 함께 계속 공부하게 될 거예요.

🔵 **율비** 　파란색과 흰색 물감을 1:2로 섞어서 옅
은 하늘색을 만들려고 했어요. 그런데 동생이 파
란색 물감을 2스푼, 흰색 물감을 1스푼 섞고서
는 색이 너무 진하다는 거예요. 그래서 제가 동생
에게 파란색 물감과 흰색 물감을 1대 2로 섞어야
한다고 했더니 1대 2나 2대 1이나 같은 거 아니
냐면서 투덜대는 거예요.

노이만 그런 일이 있었군요. 두 수나 양을 비교할 때 비교의 기준이 되는 수를 뒤에 적어요. 1 : 2란 비에서 : (대) 기호 앞에 쓰인 1은 비교하는 양이라고 하고, 뒤에 쓰인 2는 기준량이라고 해요. 기준량인 2를 기준으로 비교하는 양인 1이 2의 몇 배인지를 나타내는 거랍니다. 마찬가지로 2 : 1은 뒤에 적힌 숫자 1이 기준량이 되고, 앞에 있는 숫자 2가 비교하는 양이 되는 거니까 1 : 2와 2 : 1은 전혀 다른 비가 되는 거죠.

다시 말하면 흰색 물감을 기준으로 하면 '파란색 물감과 흰색 물감을 1 : 2로 섞는다'라고 하고, 파란색 물감을 기준으로 하면 '흰색 물감과 파란색 물감을 2 : 1로 섞는다'라고 해야 해요. 이처럼 비는 어떤 값을 기준으로 하느냐에 따라서 그 표현 방법이 달라지기 때문에 비에서는 순서가 아주 중요한 거죠.

 율비 동생에게 잘 말해줘야겠어요. 1 : 2와 2 : 1이 같지 않다는 것을 말이에요.

 노이만 지난 시간에 비를 읽는 4가지 방법에 대해 공부했죠? 2 : 3은 2대 3 또는 2의 3에 대한 비, 3에 대한 2의 비, 2와 3의 비라고 읽을 수 있어요. 이때 '~에 대한'이라는 말에 주의해야 해요. 2 : 3이란 비에서 뒤에 있는 3에만 '~에 대한'이란 말이 붙죠? 그것이 바로 기준량이 되는 거랍니다.

울비 그러면 우리 가족의 수에 대한 여자 수의 비를 말해 보면 4명 중 3명이 여자니까 3 : 4가 되겠네요.

노이만 그래요. 정확하게 잘 말했어요. 비에서는 기준이 아주 중요하다는 사실을 잊지 말아요.

울비 선생님, 저 고민이 하나 있는데요. 키가 쑥쑥 안 자라는 것 같아요. 텔레비전에 나오는 8등신 모델처럼은 아니더라도 키가 아주 컸으면 좋겠어요.

노이만 그래요? 음식도 골고루 잘 먹고, 운동도 열심히 하면 키가 자라는 데 도움이 될 거예요.

그런데 8등신이란 말도 비와 관계가 있어요. 머리 길이를 기준으로 머리 길이에 8배를 한 것이 전체 키와 같으면 8등신이라고 한답니다.

 율비 지금 줄자로 제 머리 길이를 재어 보니, 23㎝예요. 그렇다면 23×8=184㎝는 되어야 8등신이 되는 거네요. 와, 그 정도면 정말 거인이 될 것 같아요. 생각만 해도 재미있어요.

노이만 그렇죠? 우리 주변에는 비와 관련된 것들이 아주 많답니다. 율비가 생활하면서 한번 찾아보세요. 정말 재미있을 거예요. 다음 시간에는 더 재미있는 이야기를 나눠 봅시다.

- 2 : 3의 비에서 : (대) 기호 앞에 있는 수 2는 비교하는 양, 뒤에 있는 수 3은 기준량이라고 한다.

- 비교하는 양 : 기준량 읽는 방법−비교하는 양과 기준량의 비, 비교하는 양의 기준량에 대한 비, 기준량에 대한 비교하는 양의 비, 비교하는 양 대 기준량

- 기준이 무엇이냐에 따라 비도 달라진다.

- 2:3 과 3:2는 전혀 다른 비이다.

2 : 3	3 : 2
2 대 3 3에 대한 2의 비 2의 3에 대한 비 2와 3의 비	3 대 2 2에 대한 3의 비 3의 2에 대한 비 3과 2의 비

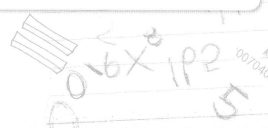

1 : 2란 비에서 : (대)
기호 앞에 있는 숫자 1은
뭐라고 하지요?

비교하는
양!

네 맞습니다,
맞고요.

그럼 뒤에 있는
숫자 2는 뭐라고
하나요?

……

휴~.

큰일이군요.
아직도……

뒤에 있는 숫자
2는 기준량이라고
하잖아요.

큰일이군.
체육시간에는
기준을 잘도
찾더니……

기준

예를 들어 '키가 큰 사람
손들어' 하는 것과 '선생님
보다 키가 큰 사람 손들어'는
다르죠? '~보다'가
기준입니다.

비는 어떤 값을
기준으로 하느냐에
따라 표현 방법도
달라지기 때문에
순서가 아주
중요합니다.
표현 방법 다
기억하지요?

오늘의 날씨입니다.
오늘은 비 올 확률이
80퍼센트이므로 외출
할 때 우산을 꼭
챙기십시오.

80퍼센트, 이것도 비,
비율과 관계 있는
말이죠.

친구네 집에
가려고 했는데,
우산을 가져가야
겠어요.

외출하는
율비

제04장
....
비율과 비의 값,
무엇이 다른가요?

📋 **교과 연계**

초등 3-2 ┃ 6단원:분수와 소수
초등 4-1 ┃ 7단원:분수
초등 6-1 ┃ 6단원:비와 비율

▶

📋 **학습 목표**

비율은 기준량에 대한 비교하는 양의 크기를 말하는데 비의 값은 기준량을 1로 볼 때
를 바탕으로 비의 값을 분수로 나타내서 계산하는 법과 쉽게 계산할 수 있는 계산법
등, 비율을 구하는 방법에 대해 알아보자.

율비 선생님, 비에 대해 공부하니까 우리 생활에서 쓰이는 비가 참 많구나 하는 생각이 들어요.

 노이만 그래요. 이번엔 비율과 비의 값에 대해서 공부해 볼까요?

초콜릿 상자 안에 초콜릿이 8개가 있다고 생각해 봅시다. 3개는 내가 먹어서 이제 남은 초콜릿은 5개예요. 전체 초콜릿 수에 대한 남은 초콜릿 수의 비를 말해 볼까요?

 율비 5:8이에요. 5와 8의 비라고 해도 되고, 기준량이 8이니까 5의 8에 대한 비, 8에 대한 5의 비, 5대 8 이라고 말할 수도 있어요.

 노이만 그래요. 지난 시간까지 배운 내용을 잘 알고 있군요. 그러면 남은 초콜릿 수는 전체 초콜릿 수의 얼마인지 나타내 볼까요? 분수로 $\frac{5}{8}$ 라고 나타낼 수 있어요. 전체 초콜릿 8개를 기준으로 하여 남은 초콜릿 5개를 비교할 때, 8개를 기준량, 5개를 비교하는 양이라고 해요. 이때 기준량에 대한 비교하는 양의 크기를 바로 비율이라고 하죠. 그리고 비의 값은 기준량을 1로 볼 때의 비율을 나타내는 거예요. 초콜릿 8개를 1로 볼 때, 8에 대한 5의 비의 값은 $\frac{5}{8}$가 되는 거죠.

비율을 구하는 방법은 다음과 같이 약속해요.

$$비율 = \frac{비교하는\ 양}{기준량}$$

비의 값은 기준량을 1로 볼 때의 비율을 말합니다.

이런 방법으로 비의 값을 분수나 소수로 나타낼 수 있어요.

율비 선생님, 비율도 $\frac{5}{8}$이고, 비의 값도 $\frac{5}{8}$니까 비율과 비의 값은 같은 거 아닌가요?

노이만 좋은 질문이에요. 비율에는 여러 가지 종류가 있답니다. 기준량을 1로 보느냐, 10, 100, 1000으로 보느냐에 따라 달라져요. 다만, 비의 값은 기준량을 1로 보는 비율의 한 종류인 거죠. 다음에 백분율에 대해 이야기를 하겠지만, 백분율이라는 것은 기준량을 100으로 할 때의 비율을 말해요.

비의 값 → 기준량이 1일 때의 비율

백분율 → 기준량이 100일 때의 비율

물과 알코올을 2 : 1로 섞을 경우 1에 대한 2의 비의 값은
$\frac{1}{2}$ 즉, 0.5가 되죠. 이제, 고구마 8개와 감자 7개가 있다고 생
각하고 비, 비의 값, 기준량, 비교하는 양을 알아볼까요?

두 수를 비교할 때 기준량을 무엇으로 정하는지에 따라 비
의 값이 달라진다고 했죠? 고구마 8개와 감자 7개에서 기준

량을 고구마 8개로 할 때, 비교하는 양은 감자 7개가 돼요. 비로 나타내면 7:8이 되고, 비의 값은 $\frac{비교하는\ 양}{기준량}$이니까 $\frac{7}{8}$이 되는 거예요. 반대로 기준량을 감자 7개로 할 때, 비교하는 양은 고구마 8개가 되고, 비는 8:7, 그 비의 값은 $\frac{8}{7}$이 되네요. 분모인 7보다 분자인 8이 큰 가분수가 되니까 $1\frac{1}{7}$로 나타내면 되는 겁니다.

율비, 이해했죠? 비의 값을 분수와 소수로 나타내는 연습도 해 볼까요? 이때, 비는 (비교하는 양):(기준량)으로 나타낸 것이고, 비의 값은 $\frac{비교하는\ 양}{기준량}$으로 구할 수 있답니다.

2:5인 비에서 비의 값을 분수로 나타내면 기준량이 아래로 가야 하니까 $\frac{2}{5}$가 되고, 이것을 소수로 나타내면 0.4가 되는군요.

좀 더 알기 쉽게 계산해 볼까요? $\frac{2}{5}$에서 분모인 5를 10이나 100, 1000으로 만들어 주면 좀 더 쉽게 이해할 수 있어요. 5에 2를 곱해서 분모를 10으로 만들어 준다면, 분자인 2에도 같은 수 2를 곱해서 4가 되게 해야 하겠죠? 그래서 분수로 나타내면 $\frac{4}{10}$가 되어서 소수로 다시 바꾸면 0.4가 되는 거예요.

이제 비율과 비의 값이 무엇을 나타낸 것인지 알았으니까 다음 시간에는 좀 더 재미있는 수학 공부를 해 봐요.

우리 주위에는 비율로 생각하는 것들이 아주 많답니다. 예를 들어, 야구 경기에서 타율, 축구팀의 승률, 몇 배, 몇 퍼센트, 소금물의 농도, 사진에서의 채도 등 말이에요. 그런 것들을 찾아보는 재미를 율비도 한번 느껴 보세요. 율비의 수학 성적이 쑥쑥 오르는 소리가 들리네요. 다음에 다시 만나요. 안녕.

- 비율은 기준량에 대한 비교하는 양의 크기를 말한다.

- 비율 $= \dfrac{\text{비교하는 양}}{\text{기준량}}$

- 비의 값은 기준량을 1로 볼 때의 비율이다.

- 전체의 수 8개를 기준으로 남은 초콜릿의 수 5개를 비교할 때 8개는 기준량, 5개는 비교하는 양이 된다. 처음 있었던 8개의 초콜릿을 1로 볼 때, 8에 대한 5의 비의 값은 $\dfrac{5}{8}$이다. 비의 값을 분수로 나타내면 $\dfrac{5}{8}$이고, 소수로 나타내면 0.625이다.

계산 TIP

$\dfrac{5}{8}$에서 분모인 8을 10, 100, 1000으로 만들어 주면 된다. 분모에 125를 곱하면 1000이 되니까, 분자에도 같은 수 125를 곱해 준다. 그럼 $\dfrac{625}{1000}$가 되는데, 이를 소수로 나타내면 0.625이다.

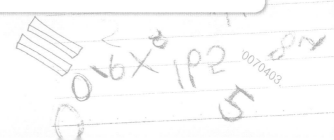

에헴! 지금부터 정말 중요한 정보를 드립니다. 공짜입니다.

정보 1. 비율은 기준량에 대해 비교하는 양의 크기를 말해요.

$$비율 = \frac{비교하는 양}{기준량}$$

정보 2.

비율과 비의 값은 다릅니다.

그러면 무엇이 다른가?

비의 값은 기준량을 1로 볼 때의 비율을 말하죠.

정보 3. 비의 값을 분수나 소수로 나타낼 수 있어요. 전체의 수 8개를 기준으로 남은 달걀 3개를 비교할 때 8은 기준량, 3은 비교하는 양이 돼요.

처음에 있었던 8개의 달걀을 1로 볼 때, 8에 대한 3의 비의 값은 $\frac{3}{8}$ 이지요.

정보 4. 비의 값은 분수 또는 소수 모두로 나타낼 수 있어요.

아, 맛있겠다.

제05장

'비'의 값을 백분율로
나타내면 알기 쉬워요

📗 교과 연계

초등 6-1 | 6단원:비와 비율

📗 학습 목표

비의 값은 기준량을 1로 본 것이고, 백분율은 기준량을 100으로 본 것이다. 백분율은
%(퍼센트)라는 기호로 나타내는데 구하는 방법과 백분율과 비율의 관계를 학습한다.

율비 선생님, 저 오늘 수학 시험을 봤는데요. 20문제 중에서 17문제나 맞혔어요. 지난번보다 잘 봐서 기분이 좋아요.

노이만 율비의 수학 성적이 올랐다니 좋은 소식이네요. 율비의 수학 점수를 비의 값으로 나타내 볼까요. 율비가 맞힌 문제 수의 전체 문제 수에 대한 비의 값으로 나타낸다면 $\frac{17}{20}$ 이 되겠죠? 소수로 나타내면 0.85가 되고요.

계산 TIP

분모 20을 100이 되게 하려면 5를 곱해야 한다. 분모에 5를 곱했으니까 공평하게 분자에도 5를 곱해주면 85가 된다. $\frac{85}{100}$ 를 소수로 나타내면 0.85가 된다.

그렇다면 율비의 점수는 100점을 만점으로 볼 때 몇 점이 되는지 알아보도록 하죠. $\frac{85}{100}$ 는 기준량을 1로 봤을 때입니다. 20문제를 다 맞췄을 때 100점이라고 한다면, 한 문제당 $100 \div 20 = 5$로 5점씩이네요. 17문제를 맞혔으니까 $17 \times 5 = 85$점이 되는군요.

지금까지 본 것처럼 비의 값은 기준량을 1로 본 것이고, 100점 만점의 점수는 기준량을 100으로 본 거예요. 이것처럼 기준량을 100으로 할 때의 비율을 백분율이라고 해요. 기호로는 '%'를 써서 나타내고 퍼센트라고 읽지요. 그러니까 85%는 85퍼센트라고 읽어요.

 율비 우리 주변에서 백분율은 많이 이용되는 것 같아요. 백화점이나 마트에 갈 때도 몇 퍼센트 할인한다고 말하잖아요. 그리고 일기예보에서 내일 비 올 확률은 70퍼센트라고 말하기도 하고요.

 노이만 그래요. 우리 일상생활에서 퍼센트, 백분율을 자주 만나죠. 신문기사에서도 많이 찾을 수 있어요. 율비, 신문에서 퍼센트를 찾아봐요. 재미있는 시간이 될 거예요.

이번엔 비율을 백분율로, 백분율을 비율로 바꾸는 방법을 알아볼까요? 10에 대한 4의 비의 값을 분수, 소수로 이야기해 봐요.

10이 기준량이고, 4는 비교하는 양이니까 10에 대한 4의 비의 값을 분수로 나타내면 $\frac{4}{10}$이고, 이것을 소수로 나타내면 0.4가 되겠죠. 여기에서는 비의 값의 기준량을 1로 본 것이에요.

그럼 10에 대한 4의 비율을 백분율로 나타내려면, 비율에 얼마를 곱해야 할까요? 그렇죠. 100을 곱해야 해요. 비율에 100을 곱해야 백분율이 되거든요. 백분율은 기준량이 100이므로, 10에 대한 4의 비율을 백분율로 나타내면 40%가 되죠. 비율에 100을 곱해야 백분율이 된다는 것, 잊지 말아요. 참, 백분율일 때는 %(퍼센트)를 꼭 붙여야 해요.

윰비 그러면 선생님, 비율에 100을 곱해야 백분율이 되니까요, 반대로 백분율을 100으로 나누면 비율이 되나요?

노이만 그렇죠! 백분율을 100으로 나누면 다시 비율이 되는 거죠. 실생활에서 비율이랑 백분율은 많이 쓰이고, 꼭 필요한 거예요. 오늘 배운 내용 잊지 말고, 주변에서 백분율이 어디에 이용되고 있는지 찾아보세요.

선생님, 백분율은 기준량이 100일 때의 비율이잖아요. 그렇다면 기준량이 1000일 때의 비율도 있나요?

아주 좋은 질문이에요. 기준량이 1000일 때의 비율을 천분율이라고 한답니다. 천분율은 $\dfrac{1}{1000}$ 을 뜻하고, ‰(퍼밀)로 표시하지요. 퍼밀은 주로 바닷물 속에 들어 있는 소금의 양을 표시할 때 사용한답니다.

바닷물 1ℓ안에 소금이 33g 들어 있다면 이것을 33‰로 나타내요. 만약 바닷물의 농도를 %로 나타낸다면, 100㎖ 속에 소금이 3.3% 존재한다고 표시해야겠죠? 어때요, 3.3%보다는 33‰이 좀 더 간편해 보이죠? 그래서 주로 바닷물의 소금의 양을 표시할 때 퍼밀을 사용해요. 그밖에도 물이나 공기의 오염도를 나타낼 때 사용하는 단위인 ppm(피피엠)은 백만을 기준량으로 했을 때의 비율이에요.

● 비의 값은 기준량을 1로 본 것이고, 백분율은 기준 량을 100으로 본 것이다.

● 백분율은 기호 %(퍼센트)를 써서 나타낸다.

● 95%는 95퍼센트라고 읽는다.

● 백분율(%)=비율×100

● 비율=백분율÷100=백분율×$\dfrac{1}{100}$

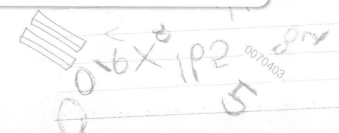

비의 값은 기준량을 1로 본 거예요.

백분율은 이름에서도 알 수 있듯이, 기준량을 100으로 본 거예요.

백분율은 기호 %(퍼센트)를 써서 나타내요.

백분율은 비율에 100을 곱한 것이니까, 거꾸로 백분율을 100으로 나누면 비율이 되는 것이랍니다.

비율×100=백분율

백분율÷100=비율

질문 있습니다.

기준량이 1000일 때도 있나요?

그럼요!

바닷물의 농도를 말할 때 흔히 사용하는 퍼밀이 있어요. ‰이라고 쓰고 퍼밀이라고 읽어요.

기준량이 백만일 때도 있는데, 아는 사람 말해 보세요.

저요!

저요!

피피엠이라고 해요. 물이 얼마나 오염이 되었나를 연구할 때도 사용하고요. 음……

제06장

'할·푼·리'는
무엇을 나타내는 건가요?

📗 교과 연계

초등 6-1 | 6단원:비와 비율

📗 학습 목표

우리 생활 속에서 자주 접하는 할인도 비와 관련되어 있는데 이에 대해 알아본다. 그리고 '할·푼·리'는 무엇인지 학습하고, '할·푼·리'의 각각의 기준량과 비율과 어떤 관계가 있는지 이해한다.

율비 선생님, 이 신발 어때요? 어제 백화점에서 할인 행사가 있어서 샀어요. 어떤 신발은 30% 할인하고, 또 어떤 신발은 25% 할인하는 거예요. 엄마가 가격이 더 저렴한 신발을 사라고 하셔서 30% 할인하는 신발을 샀어요.

 노이만 그런데 그 두 신발의 가격이 같았나요? 할인율만 보고 결정을 한 건지 궁금하네요.

 율비 예전에 저였다면 그랬을 거예요. 하지만 선생님과 수학 공부를 한 뒤로는 많이 달라졌어요. 먼저 두 신발의 원래 가격이 얼마인지 봤어요. 36,000원짜리 신발은 25%를 할인한다고 했고, 40,000원짜리 신발은 30%를 할인한다고 해서 고민하다가 계산 좀 해 봤죠. 36,000원에 0.25를 곱하니까 9,000원이 되더라고요. 그래서 36,000원에서 9,000원을 뺀 27,000원이 25% 할인된 운동화의 가격이었어요. 같은 방법으로 40,000원에 0.3을 곱하니까 12,000원이 되고, 이것을 40,000원에서 빼니까 28,000원이 되더라고요. 그래서 25% 할인된 운동화를 27,000원 주고 샀어요.

 율비, 수학을 응용하는 방법을 잘 알고 결정을 잘 했군요. 정리해 보면, 할인을 많이 하는 것이 무조건 더 싸게 살 수 있는 방법은 아니죠. 원래 가격과 할인율을 잘 비교해 봐야 한답니다.

 선생님, 어제 백화점에 나간 김에 엄마의 가방도 하나 샀거든요. 그 매장은 20% 할인을 하고 추가로 10%를 더 할인한다고 하더라고요. 그래서 엄마는 기쁜 마음으로 마음에 드는 50,000원짜리 가방을 고르셨어요. 그런 뒤 30% 할인된 금액을 내셨는데, 매장 점원이 돈을 잘못 냈다고 하는 거예요. 왜 그런 거죠?

가방 가격에 20%를 할인하고 남은 금액에서 다시 10%를 할인해 주는 거였는데 어머니께서 착각을 하셨군요. 어디 한번 다시 차분히 계산해 볼까요. 어머니께서 처음 내신 금액이 50,000원에서 30%를 뺀 70%에 해당되는 돈이었으니까 50,000원에서 30% 할인하는 금액은 15,000원이고, 전체 금액에서 할인해 주는 금액 15,000원을 빼고 난 금액 35,000원이었겠네요.

원래 가격에 할인율을 곱하면
할인해 주는 금액이 되지요.
다시 이것을 정가에서 빼면 물건을
살 때 내는 돈이 되는 거라고요.

계산 과정이 좀 복잡한데……
계산기를 하나 구입해 볼까?

    매장 점원은 50,000원의 20%인 10,000원을 할인한 금액 40,000원에서 다시 10%를 할인한 금액을 받으려고 했을 거예요. 계산해 보면, 40,000원의 10%는 4,000원이므로 40,000원－4,000원＝36,000원이네요.

    이렇게 계산해 보니 알겠죠? 처음 물건 가격의 20% 할인된 금액에서 다시 10%를 할인한 금액은 30%를 할인하는 금액과는 다르죠?

총 28% 할인

순서대로 계산하는 것이 편리하지만, 50,000원×28(%)를 해도 괜찮아요.

율비 그렇다면 가격이 올랐을 때는요?

 노이만 이것 좀 볼까요? 8,000원의 10%는 800 원이죠. 이 800원을 원래의 가격 8,000원에 더 해 주면 돼요. 따라서 이 곰인형은 8,800원에 살 수 있는 거죠.

 율비 할인을 할 때는 원래의 가격에서 빼 주고, 가격이 올라갔다면 원래의 가격에 더해 주면 되 는 거군요. 어제 신문에서 백분율에 관한 것을 찾 아보다가, 스포츠 면에서 타율이 '3할 3푼 5리' 이런 말이 나왔어요. 이건 무슨 뜻이에요?

 노이만 '할 · 푼 · 리'에 대해서 공부할 시간이 되었네요. 많은 사람들이 좋아하는 운동경기인 야구에서는 '할 · 푼 · 리' 라는 말을 많이 들을 수 있어요. 야 구에서 많이 쓰는 타율은 타자가 타석에서 안타를 얼마나 쳤 는지를 나타내는 비율입니다.

야구 시합에서 8번 공격하여 안타를 3번 친 것의 타율을 비의 값으로 나타내면 3 : 8, 즉 $\frac{3}{8}$ 은 소수로 0. 375가 돼요.

타율 즉, 비율을 소수로 나타낼 때 소수 첫째 자리를 '할', 소수 둘째 자리를 '푼', 소수 셋째 자리를 '리'라고 하니 8에 대한 3의 비율 0.375는 3할 7푼 5리로 읽으면 돼요.

$$0.375 = 3할 \quad 7푼 \quad 5리$$
할 푼 리

비율을 소수로 나타내었을 때 소수의 자릿수에 따라 '할·푼·리'가 정해지는 것이죠. 이때 할은 기준량을 10으로 볼

때 비교하는 양을 나타내는 비율이고, 푼은 기준량을 100,
리는 기준량을 1000으로 볼 때 비교하는 양을 나타내는 비
율이에요.

　그렇다면, 다음 중에서 비율이 큰 것부터 차례로 말해 볼
까요?

　　㉠ 0.237　　　㉡ 40%　　　㉢ 3할 4푼

율비 40%는 0.4, 3할 4푼은 0.34니까……

ⓒ 40% > ⓒ 3할 4푼 > ⓐ 0.237의 순서예요.

 노이만 그래요. 다른 방식으로 표현되었지만, 크기 비교도 잘 할 수 있지요. 오늘 배운 내용의 핵심정리를 보면 이해가 빠를 거예요.

- 할인해 주는 금액＝정가×할인율
  물건을 사는 가격＝정가－할인해 주는 금액

- 비율을 소수로 나타낼 때 소수 첫째 자리를 '할', 소수 둘째 자리를 '푼', 소수 셋째 자리를 '리'라고 한다.

- 0.375＝3할 7푼 5리

- 할－기준량 10일 때 비교하는 양을 나타내는 비율
  푼－기준량 100일 때 비교하는 양을 나타내는 비율
  리－기준량 1000일 때 비교하는 양을 나타내는 비율

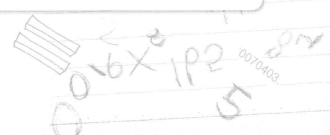

오늘은 바른 경제 생활을 위한 강의입니다. 같은 물건이라도 가격을 잘 따져보고 사야지요.

% 와
생활 경제

주위의 광고나 간판을 보면

몇 % 할인이라는데, 할인 가격은 어떻게 구해야 하나요?

간단해요. 원래의 물건 가격에 할인율을 곱해 주면 된답니다.

할인해 주는 가격＝정가×할인율

10000원짜리 티셔츠의 할인율이 20%라면

$10000원 \times \frac{5}{8} = 2000원$

즉, 2000원을 싸게 살 수 있어요.

아하! 그러니까 내야 할 돈은 10,000−2,000＝8,000원만 내면 되는 거군요.

그렇지요.

아주 똑똑해요.

짝

박사님, 이것 보세요. 이송협 선수의 타율이 3할 1푼 4리라고 신문에 나왔어요.

와아!

이송협! 3할1푼4리

다들 대단하다는데, 왜 그런지 모르겠어요.

비율을 소수로 나타낼 때 사용하는 말로, 소수 첫째 자리는 할, 소수 둘째 자리는 푼, 소수 셋째 자리는 리라고 하죠.

3할 1푼 4리는 0.314 군요. 이송협 선수가 타석에서 안타를 얼마나 쳤나를 나타낸 말이에요. 10번 중에 3번 이상은 안타를 친다는 말이죠.

K

KOREA

율비도 커서 훌륭한 사람이 되고 싶어요. 더 열심히 공부 해야지!

오늘 밤에 다 읽어 버릴 테다

제07장

'비'의 값이 같아요

📝 교과 연계

초등 6-1 | 7단원:비례식

📝 학습 목표

비는 어떤 양이 다른 양의 몇 배인가를 나타내는 곱셈의 개념인데 비의 값이 같은 비를 등식으로 나타낸 식을 비례식이라고 한다. 비에서 항은 무엇이고, 전항, 후항, 그리고 외항과 내항은 무엇인지 각각 알아보자.

배가 출출하니, 뭔가 먹고 싶어지네요. 맞다! 율비는 요리하는 것을 좋아한다고 했죠? 출출한데 뭐 맛있는 게 없을까요?

 선생님, 제가 맛있는 케이크를 만들어 드릴까요?

 케이크 좋죠.

 조금만 기다리세요. 설탕이랑 밀가루가 어디 있지? 여기 있네. 설탕 1컵에 밀가루 4컵……. 참, 선생님. 이것도 비로 나타낼 수가 있네요. 밀가루에 대한 설탕의 비가 1 : 4이고, 비의 값은 $\frac{1}{4}$ 이 되네요.

 그렇군요. 그럼 더 많은 양의 케이크를 만들려면 밀가루랑 설탕도 더 많이 필요하겠네요. 설탕을 2컵 넣는다면 밀가루는 몇 컵이 필요할까요?

 설탕이 1컵에서 2컵으로 1컵 늘어났으니까, 밀가루도 4컵에서 5컵으로 1컵이 늘어야 할 것 같아요. 정답은 5컵이죠?

정답이 아닌데요. 비라는 것은 어떤 양이 다른 양의 몇 배인가를 나타내는 곱셈의 개념이지 덧셈의 개념이 아닙니다. 첫 번째 밀가루에 대한 설탕의 비가 $1:4$이고, 비의 값이 $\frac{1}{4}$이죠? 같은 케이크를 만든

다면 비의 값이 같아야 맛의 변화가 없죠. 그러면 설탕이 2컵이 될 때, 밀가루는 8컵이 필요하답니다. 설탕을 2컵, 밀가루를 8컵 넣어도 비의 값은 $\frac{2}{8} = \frac{1}{4}$로 같아지죠.

 율비 그럼, 설탕 1컵, 밀가루 4컵일 때나 설탕 2컵, 밀가루 8컵일 때의 비의 값은 $\frac{1}{4}$로 같네요.

 노이만 밀가루에 대한 설탕의 두 비를 등식으로 나타내면 1 : 4 = 2 : 8이 되죠. 이처럼 비의 값이 같은 두 비를 등식으로 나타낸 식을 비례식이라고 한답니다. 비 1 : 4에서 1, 4를 비의 항이라고 하고, 앞에 있는 1을 전항, 뒤에 있는 4를 후항이라고 합니다. 비례식 1 : 4 = 2 : 8에서 바깥쪽에 있는 두 항 1과 8을 외항, 안쪽에 있는 두 항 4와 2를 내항이라고 하죠.

前　後　內　外

앞 전　뒤 후　안 내　바깥 외

74

율비 이제까지 제가 알고 있던 3+4, 5-1, 9×7, 8÷2와 같은 식과는 다른 식이네요. 앞에 있는 항이라서 전항, 뒤에 있는 항이라서 후항, 안쪽에 있는 항이라서 내항, 바깥쪽에 있는 항이라서 외항이라고 하네요. 기억하기 쉬울 것 같아요.

그래요. 등호(＝)를 중심으로 어느 것이 안쪽에 있는 항이고, 어느 것이 바깥쪽에 있는 항인지 구별을 해야 해요.

그리고 비는 덧셈이나 뺄셈의 개념이 아니라, 어떤 양이 다른 양의 몇 배인가를 나타내는 곱셈의 개념이라는 것을 잊지 말아요.

 네. 꼭 기억할게요. 동생과 사탕 27개를 나눠 먹으라고 엄마가 주셨어요. 그래서 전 동생과 4:5로 나눠 먹으려고 했는데, 동생이 자신의 몫이 작다고 우는 거예요. 그래서 결국 엄마께 혼이 나고 사탕도 못 먹었어요. 앞으로는 동생에게 12:15로 나눠 먹자고 해야겠어요. 동생은 비의 값을 잘 모르니까 4:5로 먹는 것보다 12:15로 먹는 게 더 많이 먹는다고 생각할지도 모르잖아요. 알고 보면 4:5로 먹는 것이나 12:15로 먹는 것이나 같은데 말이에요.

 율비, 동생과 사이좋게 나눠 먹어야지요. 율비 이야기를 들으니까 중국의 고사성어인 조삼모사朝三暮四라는 말이 생각나네요.

    중국 송나라에 많은 원숭이를 기르고 있던 남자가 있었어요. 원숭이들에게 도토리를 아침에 3개, 저녁에 4개씩 주겠다고 하자 원숭이들이 마구 화를 내면서 아침에 3개는 너무 부족한 양이라고 말했어요.

    그러자 남자는 아침에는 도토리 4개, 저녁에는 3개를 주겠다고 했지요. 그렇게 말하자, 원숭이들이 아주 좋아했다는 이야기가 있어요. 조삼모사라는 말은 이 이야기에서 나온 말로, 똑똑한 사람이 어리석은 사람을 꾀로 속인다는 말이지요.

율비가 비와 비율에 대해서 잘 안다고 해서 잘 모르는 동생을 속이면 안 되겠죠?

 율비 헤헤, 죄송해요. 동생과 사이좋게 나누어 먹을게요.

- 비는 어떤 양이 다른 양의 몇 배인가를 나타내는 곱셈의 개념이다.

- 비의 값이 같은 두 비를 등식으로 나타낸 식을 비례식이라고 한다.

- 비 1:4에서 1, 4를 비의 '항'이라고 하고, 앞에 있는 1을 '전항', 뒤에 있는 4를 '후항'이라고 한다.

- 비례식 1:4=2:8에서 바깥쪽에 있는 두 항 1과 8을 '외항', 안쪽에 있는 두 항 4와 2를 '내항'이라고 한다.

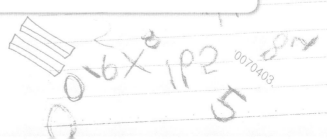

앞 전 어쩌구 뒤 후 저쩌구

한자 공부를 하고 있군요. 1 : 4의 비에서

전항 후항
1 : 4

숫자 1, 4는 항이라고 해요. 1은 앞에 있는 항이라고 해서 전항, 뒤에 있는 4는 후항이라고 해요.

그리고 비의 값이 같은 두 비를 등식으로 나타낸 것을 비례식이라고 해요. 1 : 4 = 2 : 8과 같은 거죠. 1 나누기 4와 2 나누기 8은 답이 같습니다. 1 : 4 = 2 : 8 같은 비례식에서 등호와 가까운 4, 2 같이 안쪽에 있는 항을 내항이라고 해요.

내항
$$1 : 4 = 2 : 8$$

바깥쪽에 있는 두 항 1과 8을 외항이라고 해요.

1 : 4 = 2 : 8
외항

안 내, 바깥 외 자군요.

內 안 내   外 바깥 외

비는 덧셈이나 뺄셈의 생각과는 거리가 멀어요. 그럼 뭘까요?

호호, 남은 건 곱하기와 나누기뿐이죠.

비는 어떤 양이 다른 양의 몇 배인가를 나타내는 곱셈과 나눗셈의 개념이에요.

제08장

'비'도 성질이 있어요

📒 **교과 연계**

초등 6-1 | 7단원:비례식

▶

📒 **학습 목표**

비의 전항과 후항에 1이 아닌 수를 곱하거나 나누어도 같다. 이러한 비의 성질을 이해하고 이것을 이용하여 가장 간단한 자연수의 비로 나타내는 방법을 학습한다. 소수, 분수, 자연수의 비를 간단한 자연수로 바꾸어 보자.

노이만 지난번에 율비에게 케이크도 얻어먹었으니, 선물을 하나 해야겠네요. 율비에게 선물을 줄게요. 계란을 넣으면 맛있는 빵이 나오는 기계예요.

 율비 박사님이 직접 만드신 거예요?

 노이만 마음에 들어요? 달걀을 3개 넣으면 빵이 2개가 나오는 기계예요. 아주 고소하고 맛있

는 빵이 나오죠.

　직접 한번 해 볼까요? 달걀 3개면 정말 빵 2개가 만들어지죠? 이번엔 달걀 6개를 넣으면 빵이 몇 개 나올까요? 그래요. 4개가 나오네요. 빵에 대한 달걀의 비는 2 : 3, 비의 값은 $\frac{2}{3}$ 가 되는 거지요. 4 : 6의 비의 값은 $\frac{4}{6} = \frac{2}{3}$ 이고, 두 비의 값이 같으니까 2 : 3 = 4 : 6이란 비례식이 되는 겁니다.

　우리의 생활 속에서는 비와 비례 관계가 있는 것들이 아주 많아요. 일상생활 속에서도 수량 사이에 비가 주어진 경우에

무엇과 무엇의 비가 주어진 것인지를 정확히 파악해서 비례
식을 만들 수 있어야 해요. 비례식의 성질을 이용하면 비례
식을 풀 수가 있죠.

2:3의 전항과 후항에 얼마를 곱해야 4:6이란 비가 될까
요?

울비 그건 쉽죠. 2를 곱해야 해요.

노이만 맞아요! 2:3의 전항과 후항에 2를 곱하
고 비의 값을 구해 볼까요?

$(2 \times 2):(3 \times 2)=4:6$ 이 되고, 비의 값은 $\dfrac{4}{6}=\dfrac{2}{3}$가 되죠.

이번엔 2:3의 전항과 후항에 3을 곱하고 비의 값을 구해
봅시다.

$(2 \times 3):(3 \times 3)=6:9$가 되고, 비의 값은 $\dfrac{6}{9}=\dfrac{2}{3}$가 되겠죠.

2:3의 전항과 후항에 같은 수를 곱하였을 때, 비의 값을
비교해 보세요.

줄비 2를 곱했을 때나 3을 곱했을 때 모두 비의 값은 $\frac{2}{3}$로 같은데요. 아하! 이게 바로 비의 성질 이군요. 그럼 선생님, 0을 곱했을 때는 어떤가요?

노이만 좋은 질문이네요. 비 $2:3$에 0을 곱하면 $2:3=(2\times0):(3\times0)=0:0$이 되고 $\frac{0}{0}$은 $2:3$의 비의 값 $\frac{2}{3}$와 같다고 할 수 없기 때문에, 같은 수를 곱할 때는 0을 제외시켜야 하죠. 그러니까 '비의 전항과 후항에 0이 아닌 같은 수를 곱하여도 비의 값이 같다'가 바로 비의 성질이 되는 겁니다.

비의 성질 ❶

비의 전항과 후항에 0이 아닌 같은 수를 곱해도 비의 값은 같다.

계속해서 비의 성질을 더 찾아볼까요? 16 : 24란 비의 전항과 후항을 4로 나누고, 비의 값을 구해 볼까요?

$16:24=(16\div2):(24\div2)=8:12=\frac{8}{12}=\frac{2}{3}$가 되겠죠.

그럼, 16 : 24란 비의 전항과 후항을 8로 나누고, 비의 값을 구해 보면 어떻게 될까요?

$16 : 24 = (16 \div 8) : (24 \div 8) = 2 : 3 = \dfrac{2}{3}$ 가 나오겠죠. 이것이 비의 두 번째 성질입니다. 비의 전항과 후항을 0이 아닌 같은 수로 나누어도 비의 값이 같다는 겁니다.

비의 성질 ❷

비의 전항과 후항을 0이 아닌 같은 수로 나누어도 비의 값은 같다.

어떤 수를 0으로 나누는 것은 불가능해요. $4 \div 2 = 2$란 식에서 $2 \times 2 = 4$임을 알 수가 있죠. 이처럼 $4 \div 0 = \square$(어떤 수)라고 한다면 $\square$(어떤 수)$\times 0 = 6$이 되어야 해요. 하지만 $\square$에는 어떤 수가 들어가도 성립이 되지 않죠. 그래서 0이 아닌 같은 수라고 말하는 거예요.

율비, 그럼 다음 중에서 두 수의 관계를 가장 쉽게 알 수 있는 것이 어떤 것인지 말해 볼래요?

① $\dfrac{1}{2} : \dfrac{3}{4}$ ② $0.5 : 0.75$ ③ $2 : 3$ ④ $18 : 27$

율비 ③번이요. $2 : 3$은 비의 값이 $\dfrac{2}{3}$인 것도 바로 찾을 수 있어요.

노이만　그래요. 앞에서 공부한 비의 성질을 이용해서 주어진 비를 비의 값이 같은 간단한 비로 나타낼 수가 있어요. $\frac{1}{2} : \frac{3}{4}$ 에 얼마를 곱하면 자연수의 비로 나타낼 수가 있을까요?

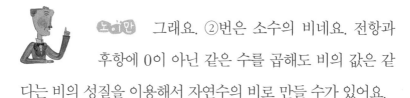

　　율비　분모의 최소공배수인 4를 곱하면 2 : 3으로 간단한 자연수의 비로 나타낼 수가 있어요

가장 간단한 자연수의 비 만들기

각 항이 분수라면 분모의 최소공배수를 각 항에 곱한다.

　　노이만　그래요. ②번은 소수의 비네요. 전항과 후항에 0이 아닌 같은 수를 곱해도 비의 값은 같다는 비의 성질을 이용해서 자연수의 비로 만들 수가 있어요.

가장 간단한 자연수의 비 만들기

각 항이 소수일 때 10, 100, 1000을 각 항에 곱한 뒤, 두 수의 최대공약수로 나눈다.

율비 그럼 100을 곱하면 50 : 75가 되고, 비의 두 번째 성질을 이용해서 각 항을 25로 나눠 주면 2 : 3 으로 간단히 고칠 수가 있네요.

노이만 그렇죠? 가장 간단한 자연수의 비로 나타내려면 주어진 비를 각 항의 최대공약수로 나누어 주면 되죠.

가장 간단한 자연수의 비 만들기

각 항이 자연수일 때 두 수의 최대공약수로 나눈다.

율비 ③번이요. 2 : 3은 비의 값이 $\frac{2}{3}$ 인 것도 바로 찾을 수 있어요.

노이만 그래요. 비의 성질을 이용해서 간단한 자연수의 비로 바꾸는 것을 배웠는데, 연습을 좀 해야겠죠? 다음 시간에 또 만나요.

- 비의 성질 ① : 비의 전항과 후항에 0이 아닌 같은
  수를 곱하여도 비의 값은 같다.

- 비의 성질 ② : 비의 전항과 후항에 0이 아닌 같은
  수로 나누어도 비의 값은 같다.

- 비의 성질을 이용하여 가장 간단한 자연수의 비로
  나타낸다.

- (소수) : (소수) – 소수점 아래 자릿수에 따라 10,
  100, … 을 곱한다.

- (분수) : (분수) – 분모의 최소공배수를 곱한다.

- (자연수) : (자연수) – 두 수의 최대공약수로 나눈다.

비의 성질에 대해서 복습해 봅시다!

네~

비의 성질 첫 번째, 전항과 후항에 0이 아닌

같은 수를 곱하여도 비의 값은 같아요.

0이 아니어야 하는 거죠?

비의 성질 두 번째, 비의 전항과 후항을 0이 아닌 같은 수로 나누어도 비의 값은 같아요.

소수의 비는 소수점 아래 자릿수에 따라 10, 100, 1000을 곱한 후 두 수의 최대공약수로 나누면 가장 간단한 자연수의 비로 나타낼 수 있어요.

최대공약수 최소공배수 이제 더 어려운데.

분수의 비는 어떻게 하죠?

분수의 두 항에 분모의 최소공배수를 곱해 주면 돼요.

그럼 가장 간단한 자연수의 비로 나타낼 수도 있어요.

아직도 어려워요

제09장

비례식을 어떻게 이용할 수 있을까요?

📝 **교과 연계**

초등 6-1 | 7단원:비례식

📝 **학습 목표**

비례식에서는 외항의 곱과 내항의 곱은 같은데 이런 비례식의 성질을 어떻게 이용할 수 있는지 알아본다. 그리고 생활 속에서 비례와 관계가 있는 것을 비례식을 이용해서 풀어 보면서 비례에 대해 더 깊이 이해한다.

노이만 율비, $3 : 5 = 6 : 10$이라는 비례식에서 내항을 찾아 곱해 보세요.

내항

$$3 \ : 5 \ = \ 6 \ : \ 10$$
$$5 \times 6 = 30$$

 율비 등호와 가까이 있는 5, 6이 내항이에요. $5 \times 6 = 30$, 30이에요.

 노이만 그렇다면 외항을 찾아 곱해 볼까요?

외항

$$3 \ : 5 \ = \ 6 \ : \ 10$$
$$3 \times 10 = 30$$

 율비 외항은 등호와 떨어져 있는 3, 10이에요. $3 \times 10 = 30$입니다. 내항의 곱과 외항의 곱이 같네요.

 노이만 그래요. 오늘은 율비와 비례식의 성질을 알아보고 그 성질을 이용해 보려고 해요.

 비의 성질처럼 비례식도 성질이 있구나.

비례식의 성질

비례식에서 외항의 곱과 내항의 곱은 같다.

 비례식에서 외항의 곱과 내항의 곱은 같아요. 만약 같지 않다면 그건 비례식이 아니죠. 다음에서 비례식을 찾아볼까요?

$$2 : 3 = 4 : 6$$
$$3 : 4 = 8 : 6$$
$$2 : 5 = 2 : 4$$

 율비 첫 번째는 비례식이 맞아요. 내항인 3, 4의 곱과 외항 2, 6의 곱이 12로 같으니까요. 하지만 두 번째와 세 번째는 비례식이 아니에요. 내항의 곱과 외항의 곱이 달라요.

 노이만 율비, 참 잘했어요. 잘 찾았네요. 비례식의 원리를 잘 알고 있군요.

 율비 선생님, 우리 집은 좁쌀과 쌀을 1:5의 비로 섞어서 밥을 지어요. 엄마가 오늘 저녁에 늦게 오신다고 해서 밥을 해 놓고 싶은데요. 쌀을 450g 넣으면, 좁쌀을 몇 g이나 넣어야 할까요?

 노이만 율비가 알고 싶은 게 좁쌀의 양이죠? 엄마가 쌀과 좁쌀의 비율을 1:5로 섞어서 밥을 짓는다고 했는데 그러면 넣을 좁쌀의 양을 □g이라 하고, 비

례식을 한번 세워 보세요.

 줍비 좁쌀:쌀의 비가 1:5니까 1:5= □:450 인 것 같아요.

 노이만 내항의 곱과 외항의 곱이 같다는 비례식 의 성질을 이용해서 문제를 풀어 봐요.

$$5 \times □ = 1 \times 450$$
$$□ = 450 \div 5, \quad □ = 90$$

즉 90g의 좁쌀을 넣어야 하네요.

$$1 : 5 = \boxed{} : 450$$

 율비 비례식의 성질을 이용해서 문제를 쉽게 구할 수 있네요.

 노이만 내가 문제를 하나 더 낼 테니 어디 맞춰 보세요. 5분 동안에 150km를 날으는 비행기가 있습니다. 같은 조건, 같은 빠르기로 날아간다고 할 때, 600km를 가려면 몇 분 걸릴까요?

 율비 600km를 가는 데 걸리는 시간을 □분이라고 한다면 5 : 150 = □ : 600으로 비례식을 세우면 돼요. 5×600 = 150×□, 3000 = 150×□, □ = 3000÷150, □ = 20. 따라서 600km를 가려면 20분이 걸리네요.

 그래요. 잘 풀었어요. 이처럼 우리 생활 주변에서는 비례식이 적용되는 경우가 많답니다. 수량 사이에 비가 주어진 경우, 무엇과 무엇의 비가 주어졌는지 정확히 알고 비례식을 만들어야 해요. 필요한 경우에는 그림을 그려서 문제를 분명하게 이해하고 해결하는 방법도 좋답니다.

이런 경우에는 어떻게 해야 할까요? 하루에 6분씩 빨리 가는 시계가 있어요. 어느 날 정확히 낮 12시를 알릴 때, 시간을 제대로 맞추었어요. 그렇다면 다음날 아침 8시를 알릴 때, 시계의 시간은 몇 시일까요?

 율비 이 경우에도 비례식을 세울 수 있겠어요. 하루에 6분씩 빨리 간다고 했으니까 24:6이고요. 낮 12시부터 다음날 아침 8시까지는 총 20시간이니까 20:□, 비례식으로 나타내면 24:6=20:□예요.

내항의 곱과 외항의 곱이 같다는 비례식의 성질을 이용해서 푼다면, 24×□=6×20이 되네요. 그러므로□=5, 즉 시계는 8시 5분을 가리키게 되는 거죠.

 노이만 조금 어려울 수도 있었는데, 아주 잘 해결했어요.

- 비례식에서 외항의 곱과 내항의 곱은 같다.

- 비례식의 성질을 이용해서 비례식을 찾을 수 있다.

- 비례 관계가 있는 생활 속에서 비가 주어진 문제를
  비례식을 이용해서 해결해 본다.

- $1 : 5 = \square : 400$

  $5 \times \square = 1 \times 400$

  $\square = 400 \div 5$

  $\square = 80$

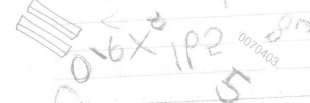

나처럼 비례식도 성질이 있다면서?

자자, 흥분을 가라앉히고……. 이것 보세요. 2:3=4:6 의 비례식에서 내항끼리 곱해 보세요. 내항과 외항이 뭔지는 알겠죠?

2:3=4:6

쉬운데요? 3 곱하기 4는 12, 12네요.

2:3=4:6
12

이번엔 외항끼리 곱해 볼까요?

2:3=4:6
12

외항. 음, 2 곱하기 6이니까 12! 내항의 곱과 외항의 곱이 같네요.

12
2:3=4:6
12

그래요. 그것이 바로 비례식의 성질이랍니다.

문제의 상황에 맞게 비례식을 잘 세워 보세요. 구하고자 하는 것을 어떤 수 □로 하면 돼요.

3 : 5 = □ : 20
5 × □ = 60
□ = 12. 이렇게요?

제10장

비율을 알면 띠그래프,
원그래프도 문제 없어요

📝 학습 목표

전체에 대한 각 부분의 비율을 띠 모양으로 나타낸 그래프를 띠그래프라고 하고, 원에
나타낸 그래프를 원그래프라고 한다. 백분율을 이용해서 띠그래프와 원그래프를 각각
그려 보고, 비율그래프를 읽을 때의 주의점도 알아본다.

선생님, 신문이나 잡지에서 보면 원 모양이나 막대 모양에 퍼센트를 적어서 나누어 놓은 것을 볼 수 있는데 무엇인가요?

신문이나 잡지, 또는 텔레비전과 같은 방송 매체에서는 비율그래프가 많이 나오고 있어요. 율비가 말한 것은 비율그래프 중에서 띠그래프, 원그래프이지요. 전체에 대한 각 부분의 비율을 그래프로 그려서 나타낸 거예요. 이것들은 전체를 100으로 하여 전체에 대

한 부분의 크기 또는 비율을 알아보는 데에 아주 편리하죠. 내가 율비네 학년 학생들의 혈액형을 미리 조사해 두었어요. 이 표를 한번 볼까요?

혈액형	A형	B형	O형	AB형	계
학생 수(명)	48	36	24	12	120

전체 학생에 대한 A형 학생의 백분율은 아래의 식과 같이 구합니다.

$$\frac{\text{A형 학생 수}}{\text{전체 학생 수}} \times 100 = \frac{24}{120} \times 100 = 40(\%)$$

백분율 기억나죠? 기준량이 100일 때의 비율을 백분율이라고 하고 기호로는 %로 쓰고, 퍼센트라고 읽죠. 혈액형이 A형인 학생을 그림으로 표시하면 아래와 같아요.

10	20	30	40	50	60	70	80	90	100
A형									

띠그래프는 전체에 대한 각 부분의 비율을 백분율로 나타내어 띠 그림에 백분율만큼 나눠 나타낸 거예요. 나머지 혈

액형도 띠그래프에 나타내 볼까요?

율비 B형인 학생의 백분율은 $\frac{36}{120} \times 100 = 30$(%) 입니다. O형인 학생들의 백분율은 $\frac{24}{120} \times 100 = 20$ (%)이고, AB형인 학생의 백분율은 $\frac{12}{120} \times 100 = 10$ (%)입니다.

노이만 어려운 문제인데 잘 구했어요. 그럼 구한 백분율을 띠에 표시해 볼까요?

10	20	30	40	50	60	70	80	90	100
A형				B형			O형		AB형

위의 그림처럼 전체에 대한 각 부분의 비율을 띠 모양으로 나타낸 그래프를 바로 띠그래프라고 해요. 방금 완성한 띠그래프를 살펴봐요.

혈액형이 A형인 학생의 비율은 전체의 40%에 해당이 되죠. 율비네 학년 학생들 중 A형 혈액형을 가진 학생들이 가장 많다는 것을 알 수가 있죠? B형인 학생은 AB형 학생의 3배라는 사실도 알 수 있어요.

그럼 띠그래프를 그리는 순서를 정리해 보죠. 우선, 주어진 자료의 백분율을 구해요. 그 다음엔 항목별 백분율의 합계가 100%인지 확인해요.

백분율의 합이 100%가 되지 않으면 다시 백분율을 구해야 해요. 백분율을 바르게 구해야만 띠그래프를 바르게 그릴 수가 있거든요. 항목이 차지하는 백분율만큼 띠그래프를 나눈 뒤, 항목별 명칭과 백분율을 적으면 된답니다.

율비 그럼 띠그래프로 어떤 것들을 나타낼 수 있어요?

노이만 읽거나 그리는 데 비교적 쉬운 장점을 가지고 있기 때문에 친구들이 좋아하는 계절, 친구들의 혈액형, 친구들이 좋아하는 동물, 좋아하는 운동 등 여러 가지를 나타낼 수가 있죠. 하지만 비율이 작은 부분끼리 비교하기 어렵다는 단점도 있답니다. 그래서 나온 것이 원그래프예요. 띠그래프가 비율이 작은 부분을 정확하게 나타내기 어렵다면 원그래프는 작은 비율도 쉽게 나타낼 수 있다는 장점이 있죠.

이번엔 원그래프에 대해 알아볼까요?

율비네 동네에서 1주일 동안 발생한 쓰레기의 양을 조사해서 표로 나타냈어요. 한번 볼까요?

구분	음식물	종이	병	나무	플라스틱	계
쓰레기 양(kg)	12	10	8	4	6	40
백분율(%)	30	25	20	10	15	100

앞의 표를 보고 아래의 원에 그림으로 나타내 볼까요? 율비네 마을에서 가장 많이 발생되는 쓰레기는 음식물이네요. 그래프를 보면, 음식물 쓰레기는 플라스틱 쓰레기의 2배가 발생되고 있네요.

다음 그림처럼 전체에 대한 각 부분의 비율을 원에 나타낸 그래프를 원그래프라고 해요. 원그래프에 표시되어 있는 0을 중심으로 해당하는 백분율만큼 시계 방향으로 표시를 하면 된답니다.

원그래프를 그리는 순서를 다시 한 번 정리해 볼까요? 우선, 주어진 자료의 백분율을 구해요. 그 다음엔 항목별 백분율의 합계가 100%인지 확인해야 해요. 그 다음엔 항목이 차지하는 백분율만큼 원그래프를 나눠요. 그리고 마지막으로 항목별 명칭과 백분율을 적어 주면 된답니다.

앞에서 살펴본 것처럼 띠그래프나 원그래프는 전체에 대한 부분의 비율을 나타내는 데 많이 쓰여요. 띠그래프는 그리기는 쉽지만, 비율이 작은 항목을 나타내기 어렵다는 단점이 있어요. 그리고 원그래프는 한눈에 비교하기 편리하지만, 중심각의 크기를 구해야 하죠. 그렇지만 띠그래프나 원그래프 모두 전체에 대한 부분의 비율을 나타낸다는 점에서는 같아요.

이러한 그래프를 읽을 때는 먼저 전체가 100%인지를 확인하고, 그중에서 각각의 항목이 어느 정도 차지하는지 읽은 후 자료항목이 차지하는 중요도(비율)나 우선순위를 파악할 수 있어야 해요. 알겠죠?

* 전체에 대한 각 부분의 비율을 띠의 모양으로 나타
  낸 그래프를 띠그래프라고 한다.

* 띠그래프 그리기
  - 주어진 표를 보고 항목별 백분율을 구한다.
  - 백분율의 합계가 100%인지 확인한다.
  - 백분율에 맞게 띠그래프를 나눈다.
  - 항목별로 이름과 백분율을 적는다.

* 전체에 대한 각 부분의 비율을 원에 나타낸 그래프
  를 원그래프라고 한다. 띠그래프는 비율이 작은 부
  분을 정확히 나타내기 어렵지만 원그래프는 작은
  비율도 쉽게 나타낼 수 있다.

* 원그래프 그리기
  - 주어진 표를 보고 항목별 백분율을 구한다.
  - 백분율의 합계가 100%인지 확인한다.
  - 백분율에 맞게 원을 나눈다.
  - 항목별로 이름과 백분율을 적는다.

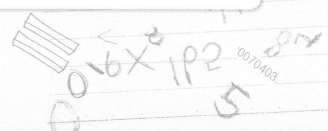

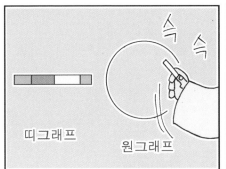

전체에 대한 각 부분의 비율을 띠 모양으로 나타낸 그래프를 띠그래프라고 해요.

띠그래프

어떻게 그리는 건가요?

주어진 표를 보고, 항목별로 백분율을 먼저 구해야 해요. 그 후, 백분율의 합계가 100%인지 확인해야 해요.

| 30 | 30 | 30 | 10 |

↑────────100%────────↑

백분율에 맞게 띠그래프를 그리고 항목별로 이름과 백분율을 적어요.

| 30 | 30 | 30 | 10 |
| 교통비 | 밥값 | 과자 | 사탕 |

↑────────100%────────↑

띠그래프는 비율이 작은 부분을 정확히 나타내기 어려워요. 하지만 원그래프라면 작은 비율도 정확히 나타낼 수 있어요.

원그래프는 어떻게 그리나요?

띠그래프처럼 주어진 표를 보고 항목별로 백분율을 먼저 구해요. 이때도 역시 백분율의 합계가 100%가 되어야 하죠.

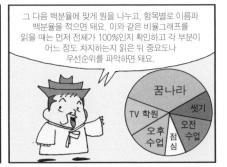

그 다음 백분율에 맞게 원을 나누고, 항목별로 이름과 백분율을 적으면 돼요. 이와 같은 비율그래프를 읽을 때는 먼저 전체가 100%인지 확인하고 각 부분이 어느 정도 차지하는지 읽은 뒤 중요도나 우선순위를 파악하면 돼요.

부록

✉

수학 동화

타임머신을 타고 떠나는
백분율 여행

쾌활한 율비가 학교에 가고 없는 율비의 방.

그 시간, 율비의 책상 위에 놓인 컴퓨터 안에는 생각에 잠긴 노이만 박사가 율비를 기다리고 있다. 그때, 현관문을 여는 소리가 들리고 곧 콧노래를 부르며 흥이 난 율비가 들어온다.

 율비 선생님, 저 드디어 오늘부터 여름방학이에요. 지금 뭐 하고 계세요?

 노이만 그래. 율비, 오늘부터 방학이군요. 그래서 일찍 집에 올 수 있었군요.

 율비 네. 그런데 선생님 얼굴이 굉장히 피곤해 보이세요.

 노이만 표시가 나나 보군요. 어제 밤늦게까지 그동안 나와 함께 열심히 수학 공부를 한 율비에게 여름방학 기념 선물로 뭐가 좋을까 고민하느라 그래요.

 율비 선물이요? 천만에요. 오히려 제가 선생님께 감사의 선물을 드려야 하는데요.

 노이만 그동안 나와 함께 공부한 내용을 이야기해

볼까요?

 율비 두 수나 양을 비교하는 데 비를 사용해요. 비교하는 양:기준량, 비를 읽는 방법, 기준량에 대한 비교하는 양의 크기를 말하는 비율, 기준량을 100으로 할 때의 비율인 백분율(%, 퍼센트)도 공부했어요. 그리고 비율을 소수로 나타낼 때 사용하는 할·푼·리, 비의 값이 같은 두 비를 등식으로 나타낸 비례식, 비의 성질과 내항과 외항의 곱이 같다는 비례식의 성질도 기억이 나요. 백분율로 그려본 띠그래프, 원그래프도 배웠어요.

 노이만 그래요. 율비가 백분율, 비와 비율에 대해 그동안 열심히 공부했는데요. 이번 방학엔 과거 속으로 여행을 떠나서 더 재미있는 수학을 만나보는 것이 어떨까 싶어요.

 율비 과거로 여행을 떠나요?

 노이만 네. 우리가 지금 공부하고 있는 여러 가지 수학들은 과거의 수학자들이 열심히 연구했기 때문에 가능했어요. 직접 과거 속으로 여행을 떠나서 수학자들을 만나보면 율비에게 많은 도움이 될 것 같아서요.

 율비 생각만 해도 신나요. 선생님을 만나면서 수학이 딱딱하고 재미없고 어려운 과목만은 아니구나 생각했어요. 아마 과거로 떠나는 여행을 마치고 나면 수학 천재가 되는 것 아닐까요?

 노이만 그럴지도 모르죠. 그럼, 과거의 수학자가 있는 곳으로 가 볼까요? 과거로 가는 일은 쉬운 일이 아니기 때문에 조심해야 해요.

 율비 네. 어디에 가서 누굴 만나게 될지 기대돼요.

컴퓨터 화면이 갑자기 까맣게 변하더니, 우주의 블랙홀처럼 소용돌이치는 화면 속으로 노이만 박사와 율비가 빨려들어 간다. 율비의 방 안에는 이제 아무도 없다.

그들이 도착한 곳은 누군가의 방 안이었다. 방 안에는 한 남자가 한쪽으로 늘어진 옷을 입고 무언가 정신없이 쓰고 있다. 정신을 잃은 율비를 노이만 박사가 흔들어 깨운다.

노이만 율비, 괜찮아요?

 율비 네. 살짝 어지러운데 괜찮아요. 그런데 선생님, 여긴 어디에요?

 노이만 누군가의 공부방 같은데……. 아니, 저 표시는 고대 수학자인 피타고라스의 제자임이 분명해.

 피타고라스의 제자 당신들은 누구신지요? 옷을 입은 것도 그렇고, 생긴 것도 다른데 혹시 외계인인가요?

 노이만 우린 미래에서 온 사람들이랍니다. 전 이 어린이의 수학 공부를 도와주고 있는 사람이고, 저 역시 수학에 관심이 많지요. 혹시 피타고라스의 제자이신지요?

 피타고라스의 제자 아니, 그걸 어떻게 아셨나요? 미래라니요. 혹시 직업이 점쟁이가 아니신가요? 허허!

 노이만 하하. 점쟁이라뇨? 다 아는 방법이 있답니다.

숫자는 모든 것의 근본이요, 최고이다.
피타고라스는 나의 훌륭한 스승님!

 율비 선생님, 피타고라스라는 분도 비와 관련이 있는 수학자인가요?

 노이만 율비, 혹시 황금비라는 말을 들어 보았나요?

 피타고라스의 제자 황금비를 알고 있는 것을 보니, 우리에 대해 잘 알겠군요.

 노이만 사실은 당신의 가슴에 단 배지를 보고 알았답니다. 정오각형 안에 별을 그려넣은 문양,

거기에 황금비가 숨겨져 있지요.

 율비 선생님, 황금비가 무엇인지 자세히 설명해 주세요.

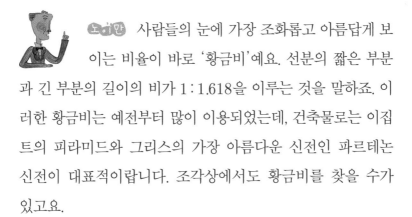 **노이만** 사람들의 눈에 가장 조화롭고 아름답게 보이는 비율이 바로 '황금비'예요. 선분의 짧은 부분과 긴 부분의 길이의 비가 1 : 1.618을 이루는 것을 말하죠. 이러한 황금비는 예전부터 많이 이용되었는데, 건축물로는 이집트의 피라미드와 그리스의 가장 아름다운 신전인 파르테논 신전이 대표적이랍니다. 조각상에서도 황금비를 찾을 수가 있고요.

피타고라스의 제자 이러한 황금비는 건축이나 미술, 과학 분야뿐 아니라 생활 곳곳에 숨어 있지요.

 노이만 맞습니다. 우리 몸의 중심이라고 할 수 있는 배꼽이 아주 좋은 예이지요. 배꼽에서 머리까지의 길이와 발끝에서 배꼽까지의 길이의 비에서 황금비를 찾을 수가 있어요. 달걀의 가로와 세로 길이, 조개의 무늬, 꽃잎, 잎맥, 태풍이나 은하수 같은 자연 속에서도 황금비를 만날

황금비는 가장 아름답고 이상적인 비를 말하죠.

아, 그렇구나.

수 있죠. 율비의 집에 있는 텔레비전의 세로와 가로의 길이, 컴퓨터 화면의 길이의 비 역시 황금비에 가까운 비를 유지하고 있어요. 부모님이 사용하는 카드 속에도 황금비가 들어 있고요.

율비 아, 그렇구나. 이름이 황금비라서 전 금이랑 관계가 있나 했어요. 맞아요. 이제야 기억이 나요. 선생님을 처음 만났을 때, 선생님께서 텔레비전이나 A4종이를 보고 안정감이 느껴지지 않느냐고 물어보셨죠? 바로 이것들이 황금비로 이루어져 있기 때문에 그랬군요.

노이만 그래요. 사람들이 왜 황금비에서 아름다움을 느끼는지는 많은 의견이 있어요. 황금비를 아름다움의 기준으로 보았기 때문인지, 자연 속에서 발견한 황금비의 신기함 때문인지는 확실하지 않아요. 하지만 황금비를 조화와 균형의 비율로 생각하는 것만은 틀림없어요. 이제 다른 곳으로 가봐야 할 시간이 되었네요. 황금비에 대한 공부를 도와주셔서 감사합니다. 우리 각자의 시간과 공간에서 노력을 하자고요.

피타고라스의 제자 그래요. 피타고라스 선생님의 제자로서 더욱더 많은 연구와 노력을 게을리 하지 않을 거예요. 그럼, 안녕히 가십시오.

율비 오늘 정말 감사했어요. 건강하세요.

노이만 이제 다른 곳으로 한번 떠나 볼까요?

다음 장소가 어디일지 궁금한 노이만 박사와 율비는 다시 소용돌이치는 컴퓨터 화면 속으로 빨려들어 갔다.

그들이 도착한 곳은 이글거리는 태양이 가득하고, 사방이 모래로 가득한 곳이었다.

율비 선생님, 여기는 어디에요? 너무 더워요.

 노이만 저기 좀 보세요.

 율비 앗, 저건 책에서 본 적이 있어요. 피라미드잖아요.

 노이만 그렇다면, 여기는 이집트군요. 예로부터 이집트 사람들은 몸은 죽어도 영혼은 죽지 않으며, 언젠가는 되돌아온다고 굳게 믿고 있었어요. 그래서 나라의 왕이 죽으면 거대한 피라미드에 시체가 썩지 않도록 해서 묻었죠. 아! 저기, 누군가 있군요. 안녕하세요!

 탈레스 누구신지요?

 노이만 저희는 미래에서 온 노이만 박사와 율비라고 합니다. 수학에 관심이 많고, 수학을 좋아해서 과거로 여행을 떠나온 것이랍니다.

 탈레스 지금이 과거라면 당신들은 미래에서 왔다는 말인가요? 어쨌거나 수학을 좋아하고 관심이 많다는 것은 나와 공통점이군요. 나의 이름은 탈레스라고 합니다.

 노이만 탈레스라고요? 고대 그리스의 7명의 현인 중 한 분이신 그분이시군요. 책에서만 보다가 이렇게 직접 만나게 되니 영광입니다.

 탈레스 하하, 나 역시 미래에서 온 사람들을 만나게 될 줄은 몰랐습니다. 전 지금 저 피라미드의 높이를 구하고 있었지요.

 율비 저렇게 높은 피라미드의 길이를 어떻게 잴 수 있어요? 저렇게 긴 자가 있나요?

 탈레스 이 막대기 하나면 충분하답니다.

 율비 막대기로 어떻게 저 거대한 피라미드의 높이를 잴 수 있다는 거예요?

 탈레스 바로 비례식을 이용하면 되지요. 비례식에 대해서는 알고 있나요?

피라미드
높이

피라미드
그림자 길이

막대 길이

막대 그림자

비례식을 이용하면 저
피라미드의 높이도 간단하게
잴 수가 있지요.

그런 좋은 방법이
있었네요.
역시 대단하세요.

 율비 배워서 알고 있어요. 비의 값이 같은 두 비를 등식으로 나타낸 것이 비례식이고, 내항과 외항의 곱은 같다는 성질도 알고 있답니다.

탈레스 그렇다면 이걸 보세요.

막대기의 길이 : 막대기의 그림자의 길이
　　　　　 =피라미드의 높이 : 피라미드의 그림자의 길이

이러한 비례식이 성립이 되겠죠? 막대기의 길이나 막대기의 그림자 길이, 피라미드 그림자의 길이는 모두 우리가 직접 잴 수가 있죠.

비례식만 있으면, 직접 피라미드의 높이를 재지 않더라도 높이를 알 수 있답니다.

율비 아하, 그렇군요. 아무리 높은 건물이라도 직접 높이를 구할 수 있겠어요. 탈레스 선생님, 비례식을 이용하면 쉽게 문제를 해결할 수 있다는 것을 알려 주셔서 감사해요.

탈레스 앞으로도 내가 좋아하는 수학 생각만 하면서 평생을 살 생각이랍니다. 율비라고 했죠? 율비가 좋아하는 일을 찾아서 노력한다면 행복할 거라는 생각이 드네요.

노이만 과거에 탈레스 선생님처럼 열심히 수학을 공부한 분들이 계셨기 때문에 현대의 수학도 발전할 수 있었어요. 저희도 열심히 노력하겠습니다. 벌써 헤어질 시간이 되었어요. 오늘의 만남이 저에게도, 율비에게도 좋은 경험이 되었답니다. 안녕히 계세요.

서둘러 떠난 그들이 도착한 곳은 어느 한적한 숲 속. 새들이 이야기하는 듯한 소리가 들리는 신기한 곳이었다.

 선생님, 여긴 어느 숲인가 봐요. 이게 무슨 소리예요?

 글쎄…….

 맙소사, 새들의 이야기가 들려요. 저기 좀 보세요.

 애, 넌 누군데 자꾸 내 앞에서 왔다갔다하는 거니?

 난, 뱁새라고 해. 붉은머리오목눈이가 원래 내 이름인데 사람들은 그냥 뱁새라고 불러. 붉은머리오목눈이라는 이름이 더 마음에 드는데……. 아까부터 보니까 넌 나와 다른 점이 참 많구나. 다리도 아주 길고, 걸음걸이도 우아해.

 그래. 내가 우아하다는 걸 알고 있다니 너 역시 보통이 아닌데? 이런 걸음걸이는 나처럼 다리가 길어야지. 너랑은 걸음이 8 : 1이야.

 8 : 1이 무슨 뜻이야?

 그것도 모르니? 내가 한 걸음 걸을 때, 넌 여덟 걸음이나 걸어야 한다는 뜻이야.

 괜찮아. 난 아주 빨리 걸을 수 있거든.

 저것 좀 보세요. 새들의 이야기가 들려요. 게다가 새들도 비에 대해 알고 있네요. 놀라워요.

노이만 황새가 한 걸음을 걸을 때 뱁새는 여덟 걸음을, 두 걸음을 걸을 땐 열여섯 걸음을 걸어야 하는군요.

 율비 1 : 8 = 2 : 16이란 비례식이 만들어지네요.

 노이만 그렇다면 황새가 일곱 걸음을 걷는다면 뱁새는 얼마나 걸어야 할까요?

 율비 아주 쉬운데요? 1 : 8 = 7 : □이란 비례식을 세울 수가 있고, 내항의 곱과 외항의 곱이 같다는 비례식의 성질을 이용하면 56걸음이 되네요.

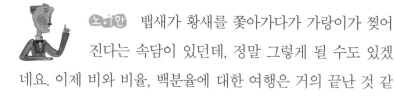 **노이만** 뱁새가 황새를 쫓아가다가 가랑이가 찢어진다는 속담이 있던데, 정말 그렇게 될 수도 있겠네요. 이제 비와 비율, 백분율에 대한 여행은 거의 끝난 것 같군요. 다시 집으로 돌아가 볼까요?

긴 여행을 마치고 돌아온 곳은 다시 율비의 방 안. 긴 여행으로 피곤한 모습이었지만, 율비의 눈은 피곤함 속에서도 빛이 나고 있다.

율비 아주 길고 멋진 여행을 다녀온 것 같아요. 선생님의 과거 여행 선물, 정말 최고예요.

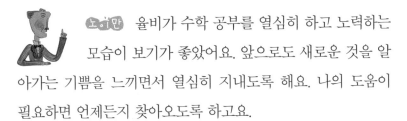 **노이만** 율비가 수학 공부를 열심히 하고 노력하는 모습이 보기가 좋았어요. 앞으로도 새로운 것을 알아가는 기쁨을 느끼면서 열심히 지내도록 해요. 나의 도움이 필요하면 언제든지 찾아오도록 하고요.

 율비 선생님 덕분에 수학이 재미있고 즐거운 과목이란 걸 알게 되었어요. 더욱 노력하는 율비가 될 테니 지켜봐 주세요.

노이만 언제라도 나의 도움이 필요하면 불러 주세요. 노력하는 사람만이 좋은 결실을 맺을 수 있을 거예요.

아쉬움이 가득한 두 사람은 각자의 길에서 최선을 다하는 모습으로 지낼 생각에 기대가 크다. 다시 책상에 앉은 율비는 노이만 박사와 만난 그날부터의 일을 일기에 담기 시작한다.

굳은 결심에 불타는 율비는 앞으로 더욱 열심히 공부를 하겠죠? 지켜봐 주세요.